U0157171

THiNK

新摩登

THiNK

NEW
MODERN

［比利时］皮埃特·斯温伯格 / 著
［比利时］简·维林德 / 摄影
杨梓琼 / 译

科学技术文献出版社
SCIENTIFIC AND TECHNICAL DOCUMENTATION PRESS
·北京·

图书在版编目(CIP)数据

新摩登/(比)皮埃特·斯温伯格(Piet Swimberghe)著;(比)简·维林德(Jan Verlinde)摄影;杨梓琼译.—北京:科学技术文献出版社,2021.4

书名原文:Think New Modern

ISBN 978-7-5189-7684-3

Ⅰ.①新… Ⅱ.①皮… ②简… ③杨… Ⅲ.①室内装饰设计—图集 Ⅳ.①TU238.2-64

中国版本图书馆CIP数据核字(2021)第039690号

著作权合同登记号 图字:01-2021-0944

新摩登

策划编辑:王黛君 责任编辑:王黛君 宋嘉婧 责任校对:王瑞瑞 责任出版:张志平

出 版 者 科学技术文献出版社
地　　址 北京市复兴路15号 邮编100038
编 务 部 (010)58882938,58882087(传真)
发 行 部 (010)58882868,58882870(传真)
邮 购 部 (010)58882873
官方网址 www.stdp.com.cn
发 行 者 科学技术文献出版社发行 全国各地新华书店经销
印 刷 者 艺堂印刷(天津)有限公司
版　　次 2021年4月第1版 2021年4月第1次印刷
开　　本 889×1194 1/16
字　　数 494千
印　　张 13
书　　号 ISBN 978-7-5189-7684-3
定　　价 399.00元

New Modern

新摩登

INTRODUCTION

前 言

人们总会问我们，现在正流行的是哪种设计风格？这其实是一个无法回答的问题，因为没有人可以完全准确地评判自己正在经历的时期。室内设计风格发展到今天，和过去相比其实并没有什么大的不同。对这一点，现今的室内设计师也不必感到过于惋惜或忧虑。比如，从 20 世纪 60 年代开始，业内对斯堪的纳维亚设计风格进行了大量的宣传和讨论。直到今天，我们依然深受其影响。如今，我们还能看到另外一种一百年前产生的设计语言——包豪斯风格的复兴。许多不计其数的建筑大师，比如，密斯 · 范德罗（Mies van der Rohe）、勒 · 柯布西耶（Le Corbusier），也非常善于使用这种设计语言。你同样也能在本书中找到包豪斯风格的存续。因为“新现代主义”不只意味着“新的光滑感”和“新的无瑕感”，它同样也代表了“新的粗糙感”。如果你喜欢混凝土墙面、混凝土地面，甚至混凝土天花板，那么这本书无疑会让你愉快地大饱眼福。野兽派风格早已经回归了建筑领域。人们同时也开始渴望使用一些看起来很高档贵气的材料，比如，花纹美丽的木材、纹理不规则的大理石。还由此产生了一种现在比较流行的做法，就是在光滑、无瑕疵和粗糙感之间创造矛盾和反差。再如，由于室内设计师们又重新爱上了铜锈呈现出的美丽质感，因此，黄铜水龙头的氧化也开始被大众接受并认可。正如一些向我们展示他们住所的设计师提到的那样：如今的设计风格可能确实容易给人一种男性化的感觉。毋庸置疑，新现代主义的的确确影响了当今的设计风格。此外，我们也注意到，许多设计师开始明显避免使用一些看起来会显得过于中产阶级感的材料和装置。他们的家大多一半是住所，另一半看起来则像是艺术工作室，里面堆满了各种发明创造和艺术作品。即使这样，整栋房子也让人感觉非常和谐、自然，甚至颇有波希米亚风格自由浪漫的精髓。发展到今天，我们的生活方式可以说是以吃健康有机的食物并遵循生态可循环的理念为主要特征的。目前看来，新现代主义和这种全新的生活方式，已经适应、融合得非常好了。

CONTENTS

目 录

WARM MINIMALISM

温暖的极简主义

Penthouse

阁楼

I PREFER YOU STAY AT HOME CHARLES-EDOUARD, AND WORK FROM THERE YOU CAN REPORT AND SEND ME PLANS OF YOUR NEW DESIGNS AND YOUR URBAN PLAN-
-NING ON A WEEKLY BASIS. I WILL LOOK AT THEM CAREFULLY AND LET YOU KNOW WHAT I LIKE AND WANT TO BUILD. LIKE THIS IT WILL ALL BE AND STAY A FANTASY FOR YOU.

汉斯·威斯托夫特（Hans Verstuyft）超越了建筑的局限性，为室内装饰想出了一些非常具体而且精致、有品位的设计方案。为了他的室内装饰，他甚至自己设计了一些铜灯和铜制水龙头。他还提出了一些不同寻常的设计方案，比如，把壁炉放在起居室的中间位置。他偏好天然存在的材料和精湛优良的做工。不仅如此，他还设计了家具，比如，这个餐桌，还从日本宫崎县收集到这些椅子。

这座阁楼里的一切和它的高天花板都可以说是有纪念意义的，包括高大的定制书架、有节奏地分隔开的墙面和隐藏的门。这些墙让人联想到日本传统的室内装饰。

很多人会认为，当代建筑必须具有表现力。也许让·努维尔（Jean Nouvel）的作品确实如此，扎哈·哈迪德（Zaha Hadid）留给我们的礼物更是如此，但是也有不少设计师选择了一些非常现代主义的冥想式创造。风格的差异并不是什么新现象，这种情况曾在过去出现过很多次，无论是在建筑还是视觉设计领域中。两种截然不同的潮流趋势的存在，会让这两者同时大受欢迎。设计这个阁楼的建筑师汉斯·威斯托夫特，对彼得·卒姆托（Peter Zumthor）等建筑师形式精致的设计语言非常熟悉。威斯托夫特对中世纪时期的修道院和教堂也很感兴趣，这些地方朴素的室内景观和灯光效果为其定下了整体基调。他曾经设计过非常多的阁楼。而且他还非常喜欢城市的景观，尤其喜欢从高处看下去的风景。比如，在这个阁楼上，你可以看到安特卫普所有的塔楼，甚至能看到远处若隐若现的港口。这正是为什么威斯托夫特追求楼层高、高天花板的原因。而且几乎所有窗户都能被打开，让天际线的景色透进房间。威斯托夫特实在是一个空间布局的大师。他用金属板覆盖墙壁，再加上高高的门和漂亮的地砖，创造出一种视觉节奏。在他的想法中，由于景观能产生大量能量，建筑应该主要散发出和平的气质，尤其是在这里。这同样也适用于夜晚港口被灯光照亮的时候。

这间顶层阁楼完全被一个可以欣赏城市、河流和港口壮观景色的露台环绕。港口晚上的风景也很漂亮。因为所有其他多余的细节都被抹去了，整座建筑显得非常纯净。门窗几乎像一幅照片一样，画出了所有的室内风景。

ARCHAEOLOGY & DESIGN

考古与设计

Design Point

设计要点

Puur Eten dat je gelukkig maakt PASCALE NAESSENS
Puur genieten PASCALE NAESSENS
PUUR PASCALE beter eten is beter leven

房子的三角形区域也能让人感受房子的内部装饰。这座房子的起居区朝着阳光的方向，部分由两层楼组成，让人想起战前现代主义宣扬的“居住机器”的氛围。这也是他们选择收藏艺术品的理想位置。在这个三角区域的尖端，我们还发现了夹层的阳台。阳台上有一张由建筑师、设计师威利 · 范 · 德 · 米伦设计的、产自 20 世纪 50 年代的办公桌。

我们不仅对室内装饰及它们包含的所有艺术品和其他物品感兴趣，还着迷于生活在其中的人们的故事，例如，促使他们着手进行冒险的设计原因。大卫 · 德 · 布劳维尔（David De Brauwer）和娜塔莎 · 布雷斯（Natascha Brees）的故事就是很不寻常的。他们最开始花了好几年时间疯狂收藏，早起四处搜寻跳蚤市场。后来，娜塔莎毕业后成了一名考古学家，并且在土壤研究领域活跃了一段时间。她还用古罗马遗留下的物品交换了一些第二次世界大战后的发现，前后时间跨越了两千年！至于大卫，他的父母是非常优秀的古董商，他们向他灌输了一种好奇心。这种好奇心让大卫忍不住每周都要往家里带一些新奇的物件。为此，他们每周都会开车穿过英国和法国。大卫就是从邮票、石头还有化石开始学会收藏物品的。大卫和娜塔莎一起淘到了他们现在拥有的所有第二次世界大战后的艺术品和设计作品。有时候，他们也会一无所获。他们大部分藏品都在他们的家里，与这些藏品摆在一起的是阿尔弗雷德 · 亨德里克斯（Alfred Hendrickx）、埃米尔 · 韦兰尼曼（Emiel Veranneman）、克里斯托夫 · 格弗斯（Christophe Gevers）和威利 · 范 · 德 · 米伦（Willy van der Meeren）设计的家具。当他们发现吉奥 · 蓬蒂（Gio Ponti）或者朱尔斯 · 瓦布斯（Jules Wabbes）的作品时，他们感受到了什么叫真正的心潮澎湃。当他们发现一些虽然没有什么商业价值，但是设计却非常打动他们的匿名作品时，他们也会把它好好保留下来。他们的住所是一座当代建筑，由帕特里克 · 维尔哈姆（Patrick Verhamme）设计。建筑里有一个几乎是三角形的区域，在那可以欣赏到独特的内部景观，而且可以让室内充满阳光。

MARGIELA
DE HERMÈS JAREN
PICASSO, SCULPTUREN
LOUISE BOURGE
THE MASTABA

这座房子艺术和设计的完美结合也让我们感到惊喜，比如，窗户旁边吉尔伯特·德科克（Gilbert Decock）设计的丝网印刷品、地板上雕塑家罗吉尔·范德韦赫（Rogier Vandeweghe）的陶瓷人鱼雕塑，还有角落里艾兹科尔比（Aizcorbe）制作的青铜器。墙上的钢材壁炉是由顿巴工作室生产制作的，而墙上的架子是由保罗·帕鲁科（Paolo Pallucco）设计的。阁楼上的木椅是20世纪50年代标志性建筑师卢西恩·恩格斯（Lucien Engels）的作品。走廊里的金属柜，则是威利·范·德·米伦的作品。

VINTAGE DESIGN

复古设计

Chez Haussmann

切斯·奥斯曼

georges jouve

比娅 · 蒙贝尔斯（Bea Mombaers）说道，“从来没想过，我居然会住在奥斯曼设计的公寓里”。她是一名以出色的复古风室内设计而闻名于世的低地国家设计师。她也是第一个把让 · 普鲁维（Jean Prouvé）和保罗 · 克耶霍尔姆（Poul Kjærholm）设计的家具摆进家里的人。她将精选的复古风和抽象艺术融合在一起，始终引领着潮流。她不断地从一个地方搬到另一个地方，从附属住宅搬到别墅或者阁楼。但是她之前从来没有住过这样经典的法式建筑。她目前居住在布鲁塞尔伊克塞尔的一栋旧公寓楼里。这座公寓完全仿照巴黎著名城市主义者乔治 - 欧仁 · 奥斯曼（Georges-Eugène Haussmann）的风格建造，这位设计师在 19 世纪下半叶建造了法国首都的模型。这座建筑是彻彻底底的奥斯曼风格，有着灰泥粉刷过的优雅的新古典主义风格会客室。比娅 · 蒙贝尔斯眨了眨眼说道：“通常情况下，这不是我的世界。”但她已经把这里变成了一个相当宽敞的避风港湾。正是她个人这种将设计和旧框架相结合的令人耳目一新的设计方式，创造了一种特殊的艺术氛围。比娅独特的室内装饰让全世界美丽杂志的版面都增色不少。她还收藏了家居品牌 Serax 一系列的手袋和家具。比娅即将再次周游世界，所以如果你给她打电话，她很有可能会从里斯本、罗马或里约热内卢给你回电话。你甚至可以从比娅的公寓里感受到她的国际化风情。

这个新古典主义风格的奥斯曼公寓，采用了令人耳目一新的当代艺术装饰风格，室内设计师比娅·蒙贝尔斯还收集了一系列令人着迷的设计款物品。比娅是一个近些年活跃起来的设计师。其中美丽的沙发是她自己的设计，来自品牌 Serax。圆桌是保罗·克耶霍尔姆的设计作品，周围环绕着卡塔沃洛斯（Katavolos）、凯利（Kelley）、利特尔（Littell）共同设计的 T 形椅，还有原版的伊姆椅，以及赫里特·里特费尔德（Gerrit Rietveld）设计的闪电椅。就像比娅确信的那样，这些家具当然都是中古的版本。

在这座公寓一个小角落的地板上，矗立着维科·马吉斯特雷蒂（Vico Magistretti）设计的原版阿托洛灯。灯的两侧分别是罗斯·汉森（Ross Hansen）的画作和一把货真价实的乌得勒支扶手椅。紧挨着比娅·蒙贝尔斯的沙发的，是一张由意大利设计师安吉洛·曼吉罗蒂（Angelo Mangiarotti）设计的肾形边桌。一个单独的小房间里摆放着一张古董中式按摩桌，还挂着一整面墙的罗斯·汉森的艺术画作。

CONTEMPORARY RUIN

当代废墟风

Rural & Modern

乡村风和现代风

要找到这栋房子，你必须走一条离村里其他房子很远的野路，一条在种满谷物的田地中的泥泞土路。从远处看，你一定会以为这是一座老旧的农舍。事实并非如此，虽然这栋房子有一部分是用旧建筑材料建造的，但这是一座崭新的建筑。这是一对设计师搭档——勒诺·德·波尔特（Renaud De Poorter）和费姆克·霍德（Femke Holdrinet），为设计师帕特里夏·范德莫特（Patricia Vandemoortele）设计建造的。这就是帕特里夏多年来梦寐以求的豪宅——一座看起来像是翻新工程还没完成的废弃建筑。房子的北面看起来像是一座上百年前老农庄的遗址。帕特里夏想要一个随性、带一点乡村野兽派风格的工作室，房子中甚至还有个混凝土的淋浴间。她不喜欢古典奢华的感觉和笔直的线条，于是她要求建筑师在房子里做一个凹槽。这个凹槽造就了一些十分令人兴奋的室内景色。因为有很多窗户，所以这栋房子充满着一种地中海式的风情。你还可以看到野外草坪和花园的景色，花园里布满了盛开的花朵，让人想到印象派画家在圣马尔登斯 - 拉特姆地区周围画过的一些画作。简而言之，这栋房子是一个地中海式的建筑，也是一个放松身心的好地方，更是一个从繁忙的商业生活中解脱出来的好去处。

与其说这是一栋别墅，不如说是一栋完全融入周围景色的乡村住宅，看起来至少有一个世纪的历史了。尽管有一部分是用旧石材、古董木板和古代房屋框架建造的，这座房子仍然是一种新创造。房子的内部也有一种令人愉悦的淡然的自然和艺术气息，还有很多不同寻常的发现和一些中古的设计款物件。

有些元素是故意做成半成品的样子的，比如，壁炉的边缘和混凝土楼梯，用来加强室内装饰的野兽派表现力。这些元素赋予整个室内环境一种艺术家工作室的气质，这与业主的精神状态完美契合。房屋两个外立面的大片窗户模糊了室内外的界限，特别是夏天，这时候业主会感觉自己居住在一个风景如画的果园中。

为了在楼上创造出更多的居住空间，这座建筑采用了带窗户的传统梦莎式斜面屋顶，这些大窗户能够将室外风景如画的景色尽收眼底。顺便提一句，这栋房子就坐落在曾经吸引过很多印象派画家前来写生的地区。事实上，“拉特姆学院”这个说法在国际上非常有名。

THE OFFICE BUILDING

办公楼

Perfectly Imperfect

完美地不完美

IE LEON S.

R-1

这个标题是由业主自己提出的，对这位国际时尚企业家迈克尔·阿特斯（Michael Arts）来说，完美与优美的造型毫无关系。他一点也不喜欢“完美”这个词，事实上，他甚至并不讨厌有点混乱的状态。阿特斯过去居住在美国。在美国时，他对弗兰克·劳埃德·赖特（Frank Lloyd Wrigh）和密斯·凡德罗产生了仰慕之情。这座建于 20 世纪 60 年代的前办公楼，由比利时设计师里昂·斯泰宁（Léon Stynen）及其搭档保罗·德·梅耶（Paul De Meyer）设计。密斯·凡德罗对这栋建筑有着间接的影响，因为这两位建筑师不仅都崇拜勒·柯布西耶，也很喜欢密斯·凡德罗的办公楼建筑。阿特斯想要一个阁楼式的公寓，所以他把混凝土建筑架构完全暴露在外。你甚至可以看到室内用来遮阳的立面网格。摆在空间正中间的这张大桌子，是由比利时著名的塔楼建筑师雷纳特·布雷姆（Renaat Braem）设计制作的。阿特斯在桌子周围摆满了他收集的各种不同寻常的物品。房屋各处分散放有微型桅杆，连厨房的收纳柜里都有。同时这也可以说是一座森林里的住宅。他还把他阁楼里的物品和城市园林中的树林和灌木相比较，这实在是一个颇具独创性的想法。阿特斯把这个居住空间比喻成在港口靠岸停泊的船只，部分原因是这个空间相对于街道正好处于夹层的高度，所以从屋子里往外看会感觉像是在俯视码头。顺便说一下，这座公寓位于港口城市安特卫普的中心。

毫无疑问，国际时尚企业家迈克尔·阿特斯的“男人的洞穴”[1]是整本书里最不同寻常的室内装饰。他不仅是一个狂热收藏者，喜欢搜寻一切特别和难以搜寻的物品，也非常热爱不可预测的事物。来欣赏下他找到的宝贝们，比如，这张由比利时非常受欢迎的建筑师雷纳特·布雷姆设计建造的巨大桌子，还有桌子上方挂着的大阪铜灯，这盏由朱尔斯·韦伯斯设计的灯是很难找到的。

1　译者注：“男人的洞穴”就是一个由男人说了算的、只属于他们自己的休闲空间。

用餐区和厨房也非常精彩壮观。比如厨房的收纳柜里展示了很多令人印象深刻的从东欧收集来的微型桅杆。在业主看来，这些大量的桅杆就像生长在花园中的树林和灌木丛。当然，这与这座坚固的办公楼本身及它内部无处不在的野兽派混凝土建筑形成了鲜明对比。

CADIX

卡迪克斯

On The Roof

屋顶之上

室内设计师梅里恩·德格拉夫设计了不同的休息区域，这样可以让人在享受整个城市所有令人兴奋的景色全貌的同时，可以一眼看到贴满深黑色瓷砖的用餐区和烹饪区。瓷砖的深色调中还包含了一种绿色的光泽，这是一种相当不寻常的色调。梅里恩花了非常多的心思，谨慎细致地挑选了整间房子使用的材料，比如，覆盖着整面墙的望加锡黑檀木。

没有比看到港口风光的全景更让人兴奋的事了。这次我们参观的住所，是位于安特卫普的旧港口附近的一座新建住宅的顶楼，这座建筑是由梅塔（Meta）和保罗（Polo）设计的。整座建筑提供了一个维都塔式的画面。整个画面从历史悠久的旧城区，到安特卫普河边博物馆、老码头、扎哈·哈迪德设计的港口大楼，一直延伸到现在的港口深处。对于业主穆里尔·范·纽文霍夫（Muriël van Nieuwenhove）和彼得·莱森斯（Peter Leyssens）来说，居住在这儿算得上是一种难得的享受。一方面，下方港口的嘈杂声不会传到他们家中，这能让他们享受到难得的安宁；另一方面，他们可以直接通过昼夜不停变换的景观，好好欣赏城市的忙碌喧嚣。这座位于安特卫普的卡迪克斯区的塔楼，长度和宽度刚好都是 100 米，这里曾经有一座海关大楼。塔楼的位置在港口前面的小岛上，这是最近才被开发出来的居民区。过去，从西班牙和非洲来的船只会到达这里靠岸。这个阁楼看起来像一个位于屋顶之上的别墅，配有大量绿色的色块。室内建筑师西佩斯建立了屋子里的基本布局，两位业主穆里尔和彼得则与室内设计师梅里恩·德格拉夫（Merijn Degraeve）一起补充了一些画龙点睛的工作，梅里恩赋予了不同的休息区域一种 20 世纪 70 年代的外观。他还设计了就餐区和客厅之间的悬挂式橱柜。办公室和厨房这两个相对外围的区域几乎被全部漆成了黑色，不过也加上了一些绿色。从各种不同的大理石到毯子和靠垫，你可以看到整个室内装饰中都贯穿着绿色，墙面则覆盖着望加锡产的黑檀木。厨房和餐厅之间原本的分隔屏风也值得留意。穆里尔和彼得热爱优雅的艺术和设计。为了寻找艺术作品和家具，他们经常四处旅行。事实上，穆里尔的时尚事业也让她不得不经常在米兰、巴黎、阿姆斯特丹和伦敦之间来回旅行，这些地方都让她汲取到了很多灵感。

在餐厅和就餐区之间的栅栏背后，隐藏着另一个小小的休息区。这是喝茶或咖啡的理想位置。这张大餐桌是用来安顿客人的绝佳场所，上面悬挂着一盏由汉斯-阿格尼·雅各布森（Hans-Agne Jakobsson）设计的大铜灯。

ABOUT YVES
The Tale of Tomorrow
The Tale of Tomorrow

壁炉边的巨大休息区域的墙面上，同样覆盖着黑檀木。墙面上还陈设着柯蒂斯·杰尔（Curtis Jere）的墙壁雕塑。来自品牌 Living Divani 的复古沙发营造出一种不同凡响的氛围。浴缸上方挂着一扇中式屏风，从浴室里还能看到扎哈·哈迪德设计的安特卫普港口大楼的绝妙景色，这也是安特卫普天际线中一个引人注目的地方。

THE SILO BUILDING

仓储式建筑

Silo Brutalism

仓储野兽派风格

人们通常不会突然决定到谷仓中生活。不过，这其实是非常可行的。室内建筑师阿贾恩·德·费特（Arjaan De Feyter）为朋友们布置了这间阁楼。结果自然是令人惊讶的。整栋房子位于三个巨大的、由走廊连接起来的混凝土仓库中。这样的结构可以让你从室内的任何位置都可以看到建筑物的外观。你还可以从这里欣赏荷兰边境线附近的美丽运河风光。这栋房子当时是以毛坯房的状态被售出的，德·费特决定保留大部分混凝土建筑的粗糙、野蛮的特质。弯曲的墙面增加了建筑物的雕塑感，仿佛你正在走过一个巨大的雕塑。一条走廊连接着几乎空荡荡的筒仓，通过这个筒仓，你可以进入更加封闭的休息区。休息区里摆放着一张防水石膏底座摩洛哥长椅，这张椅子也是由德·费特设计的。当然了，这里的所有东西都是量身定制的，而且也使用了一些豪华的材料，比如，厨房用的大块石灰华石。房子里的家具都是由德·费特和蒂姆·范兰肯（Tim Vranken）一起设计的。继续往前走，你就会进入到卧室仓。卧室仓的空间摆放了一张床，这张床像一个雕塑一样被摆在那里。这个房子采用的定制工程和手工工艺，增强了德·费特喜欢运用到他案例中的新极简主义风格。

把谷仓改造成住宅，并不是顺理成章的做法。然而，室内建筑师阿贾恩·德·费特不仅选择保留了建筑的工业外观，还避免使用太多填充物，保持了弯曲空间的完整性。他非常想要保持休息区的循环流通，因此，想出了一个巧妙的解决办法：他把通道藏在了一张布帘后面。这个方案与防水石膏长椅完美结合，让人能够以一种当代的方式感受到摩洛哥氛围。

MIXED GRILL
LIONEL JADOT
HIDE AND SEEK

阿贾恩·德·费特挑选了粗糙的灰泥墙，这种墙能够和一般的混凝土结构很好地结合在一起。你可以从室内的任何位置看到建筑物的外观。烹饪区和餐饮区坐落在这座仓储式住宅的正中间。这里的所有东西都是定制的。德·费特和蒂姆·范兰肯共同设计了这间房子里的家具。桌子上这盏拉维斯特吊灯来自莫斯科大剧院。入口处的这张回形桌子是一个在网上找到的意外收获。

用餐区相对通透敞亮，而筒仓内的休息区和卧室会更加私密、封闭一些。当我们从厨房看向卧室时，会看到有一个玻璃通道通往卧室。请留意材料的特殊用法，例如，在厨房里，德·费特选择了使用石灰华石。

BOXES ON THE WALL

墙上的盒子

Tiny House

小户型

小而紧凑的住宅像是一件精巧的艺术品，因为就像家具的组合一样，小房子里的每一样物品都必要完美地组合在一起。正是由于这个原因，赋予了这座面积狭小、高耸的海边建筑新生命的建筑师罗尼·赫雷姆斯，找来了设计特殊橱柜而闻名的设计师——菲利普·杰森斯。每一层都有不同的功能分区。厨房就在楼下，这样可以让主人方便迎接朋友到来。而一直往上走，顶楼有一个超棒的露台，在那可以看到城市的美丽景色。

这不是那种小到安在轮子上的迷你小房间，而是一座布局紧凑、家具布置得非常巧妙的塔楼住宅。这栋房子的占地面积几乎不到 30 平方米，建筑有三层。一进门，你就会进入到厨房区域，这里有配套的餐桌。一楼是客厅，二楼是卧室，再往上一层就是屋顶露台。虽然房子内部空间非常狭小，你仍然可以看到很多建筑设计。这座建成于 20 世纪 20 年代的老房子，其实是一栋周末别墅。房子的主人——建筑师罗尼·赫雷姆斯（Ronny Herremans），亲自完成了大部分翻新工作。他拆除了建筑内的很多东西，但是保留了蜿蜒而过的木质旋转楼梯。为了增加室内采光，大部分室内的墙面被改造、替换成了钢制窗户。这座房子里的几何图案也和设计师菲利普·杰森斯的干预措施无缝衔接，菲利普·杰森斯（Filip Janssens）以其出色的建构主义橱柜结构而闻名。应建筑师房主的要求，杰森斯几乎对每个房间都进行了调和。杰森斯设计的橱柜和赫雷姆斯设计的房门，都会让我们想到日式屏风。因为杰森斯的调和，每一个室内景观都给我们带来了新的惊喜。一个如此袖珍的住宅能变成现在这般令人惊奇的样子，实在是太令人兴奋了。

赫雷姆斯保留了老旧的旋转木楼梯，让其作为这座建于 20 世纪 20 年代的老建筑的历史见证者。他设计了很多金属和玻璃墙，并搭配了蒙德里安网格图案的滑轨推拉门。菲利普 · 杰森斯竭尽全力在厨房和用餐区的所有定制壁式家具中保持并延续了这种风格。

卧室里的壁柜呈现一种对角线般的动感，床头上方悬挂着一组架子，尤其具有杰森斯的特有风格。这栋房子简单的外立面和装饰艺术风格的建筑轮廓，仍然流露出战间期特有的沿海建筑的轻松风格。这座建筑内部和外部的对比反差，也非常令人兴奋。

PARIS & BRUSSELS

巴黎和布鲁塞尔

Notting Hill

诺丁山

我们现在正处于一种截然不同的氛围中，你马上就能感受到这种国际氛围了。这种氛围来源于经常往来于布鲁塞尔和巴黎的业主奥黛尔。有时候，作家奥黛尔也会在伦敦停下她的脚步，这时候她会居住在诺丁山。你或许能凭借直觉，从房子华丽的英式色调和准盎格鲁 - 萨克逊风格的混合中猜测一二。最后，由于她和电影界的联系，这栋房子的内部装饰也看起来像一部电影的布景。

作家奥黛尔 · 德 · 乌特雷蒙（Odile d' Oultremont）写过电影剧本，拍过电影。最近，她出版了一本小说。当她想要埋头工作的时候，她就会去咖啡馆。因为她觉得现在住的这座房子是用来放松和聚会的。她在布鲁塞尔和伦敦进修过东方语言学，并且在诺丁山住了很长一段时间。在那段时间，她发现了诺丁山的亲切感。后来，她又搬去了巴黎。在巴黎，她遇见了她的丈夫，喜剧演员、前一级方程式车手——斯特凡 · 德 · 格罗特（Stéphane De Groodt）。现在，他们一部分时间住在布鲁塞尔，也就是这座建筑的所在地。这也是他们的孩子成长的地方。不过，因为职业的关系，他们每周也有一半的时间居住在巴黎。这两个地点是一种奇妙的组合。这座房子散发着无比宁静的气息，也见证了他们和朋友们在这个集餐厅、厨房、沙龙多功能于一体的空间中，举办的大大小小无数场聚会和舞会。不过话说回来，因为奥黛尔喜欢人群的嘈杂声，所以她选择在咖啡馆而不是这座房子里工作。K2A 建筑公司的建筑师费德里克 · 阿莱格里（Federico Alegria）是这座房子的设计师。为了创造出一个开阔的客厅，他拆除了所有的小房间和走廊。奥黛尔则亲自挑选了艺术品和家具。她还在家中挂上了她朋友芭芭拉 · 伊温斯（Barbara Iweins）的作品，并且让席琳 · 纳索克斯（Céline Nassaux）做了一面漂亮的镜子。这面镜子成了厨房里最吸引眼球的地方。现在的厨房看起来像是深夜酒吧的吧台。这是一种纯粹的乐趣，并在室内营造出了一定的诺丁山氛围感。过去，奥黛尔 · 德 · 乌特雷蒙基本不怎么在乎室内装饰。不过装修完这栋房子之后，她的想法改变了。现在，她发现室内装饰是如此令人兴奋，以至于室内装饰在她最新的小说里也起到了重要的作用。

亲密感在这里起着重要的作用。首先，在靠街道的一侧有一个前厅，包含了电视区、家庭图书馆和休息区。这是一个家庭港湾。奥黛尔从 Yapstock 那买了很多杂物。Yapstock 是布鲁塞尔一个家喻户晓的古董品牌，由斯蒂芬妮 · 里彭斯和阿曼丁 · 坎普斯共同运营，主营业务是租售用于室内装饰、电影和时尚拍摄的古董物件。总之，这个品牌也和奥黛尔从事的电影行业有着千丝万缕的联系。

低矮的丹麦古董沙发上方，挂着一幅美国艺术家保罗·瓦克斯（Paul Wackers）的艺术作品。顺便说一句，奥黛尔最近出版的新书《愚蠢》的封面也出自这位艺术家之手。餐厅和烹饪区无疑是这个家里跳动的心脏，这里时刻欢迎朋友们的到来。烹饪区毫无疑问是整个家里最引人注目的地方。席琳·纳索克斯制作的这面大铜箔纸镜子，让这里看起来像深夜酒吧。

BLACK & WHITE

黑白风

Old House

老房子

RIVE
GAUCHE

对建筑师帕特里克 · 希克斯来说，每个家都是一个临时性的住所，因为他一直在不停搬家。不过，这并不意味着他在经手的每一个项目中，会忽略最微小的细节。他现在居住的这栋古老的乡间别墅，原本的室内装饰几近完好。帕特里克 · 希克斯采取少量处理的手段，并精挑细选了一系列的设计款物品和艺术作品，赋予了这栋房子一种当代感。大量的黑白对比构成了一个重复出现、相互呼应的主题。

虽然建筑师帕特里克 · 希克斯（Patrick Six）的建筑语言非常现代，但他现在居住在一栋郊区的老房子里。事实上，他一直在不停地搬家。他之前的住所是一个阁楼，但是除了他运用的黑白对比的方式，你无法从这座房子里看出任何关于他之前住所的讯息。在翻新这栋老房子的过程中，他保留了很多原本的元素，而且很少对房子的布局进行修补。因为他认为，这些元素和布局的设计已经做到了几近完美、平衡了。这栋历史可以追溯到 19 世纪 50 年代的老房子，有一个非常经典的平面设计形式——中央走廊被带开放式壁炉的客厅环绕。把走廊粉刷成黑色，把房间粉刷成白色，这座建筑瞬间就有了一种现代感觉。这个“男人的洞穴”无疑是极引人注目的，这个空间有着黑色的墙面，坚固耐用的古董扶手椅，墙面挂着一些当代艺术作品。为了更新室内环境，帕特里克 · 希克斯还对不同的房间进行了一些精准的处理。每个房间都有自己的独特氛围。房子里精挑细选的设计款物品和偶尔出现的个性化创作，还有室内无处不在的现代艺术作品，比如，这个有着大理石隔板的金属书架，都会让来客不由自主地环顾四周。

进门处的照片和客厅壁炉旁边的画都是瑞士视觉艺术家丹尼尔·布埃蒂（Daniele Buetti）的作品。办公室里的这张海滩风光是马西莫·维塔利（Massimo Vitali）拍摄的。这张桌子是奥萨瓦尔多·博萨尼（Osvaldo Borsani）经典的复古作品，紧挨着桌子的是两把哈里·贝托亚（Harry Bertoia）设计的原版钻石椅。

RECORD STORES
ANTON CORBIJN
1·2·3·4
AI WEIWEI
TASCHEN
JULES WABBES
JOE COLOMBO

帕特里克·希克斯用黑白对比突出了房间的内部视图。靠近房门的这个建构主义风格金属墙架就是帕特里克·希克斯自己的设计。厨房的水磨石地面上放着一张著名的奥萨瓦尔多·博萨尼设计的桌子，桌上的吊灯来自比利时品牌内斯特·罗森。

第二个休息区有着黑色的墙面和迷人的艺术品收藏，可以被看作一个“男人的洞穴”。其中最引人注目的元素之一，就是由科恩 · 瓦斯汀（Koen Wastijn）和约翰 · 德舒默（Johan Deschuymer）共同完成的在壁炉上方的艺术装置。

DECADE
BEAUFORT
TASCHEN

BOHEMIAN

波希米亚风

On The Top

顶楼

若穿越到好几个世纪前，保丽特 · 范 · 哈希特（Paulette van Hacht）可能见到画家彼得 · 保罗 · 鲁本斯（Peter Paul Rubens）从她位于安特卫普根特大市场另一侧的小公寓进入普朗坦出版社。从前的印刷办公室现在成了普朗坦 - 莫雷图斯博物馆，是这座城市最具神秘色彩的地点之一。长期以来，这个广场在每个周五都会举办跳蚤市场。在这个市场上，商家甚至可以用拍卖的方式来售卖二手物品。保丽特有时候会在这抢购到一些非常酷的物品。在她的经济学研究完成后没多久，她决定投身于室内装饰的创造和古董物件的搜寻中。她的公寓里摆满了来自二十世纪五六十年代的不同寻常的发现。事实上，她非常喜欢色彩丰富、吸引眼球的东西，以及所有外观独特的物品。现在，她收到了来自世界各地的室内装饰设计工作邀请，并且在比利时境内外四处旅行以寻找古董物品。一开始，她朋友圈中的年轻人是她那明显乐观和独创风格（保丽特称之为“意外收获风格”）的唯一受众，但是现在越来越多的人希望她能够施展她的室内设计天分。事实上，这座公寓的当代风格室内装饰看起来非常多样化。虽然有些人仍然在坚守严格的建筑设计，坚持用勒 · 柯布西耶或者伊姆斯夫妇等名家的经典作品装饰他们的房子，但也有很多人正在探寻一种更加轻巧、放松的室内环境。保丽特喜欢摆弄安特卫普当地设计师格特 · 沃尔詹斯（Gert Voorjans）和其他人设计的纺织品，把它们和植物及几乎数不清的独特物件和家具组合在一起，创造出了绝妙的折中主义风格的电影装饰，看起来相当有波希米亚风情，并且相当生动有趣。

年轻的室内设计师保丽特·范·哈希特把她的风格定义为波希米亚风，而不是折中主义风格。她的调色板五颜六色，她喜欢橙色、丁香色和粉色。她还认为，室内装饰有些好玩和乐趣完全没什么问题。事实上，她这套顶楼小公寓里摆放了很多她旅行时的意外发现，充满生动活泼的感觉。

保丽特在摩洛哥搜寻柏柏尔地毯，在法国、比利时和荷兰寻觅古董物品。她的英式小圆桌周围摆满了维姆 · 里特维尔德（Wim Rietveld）（设计师赫里特 · 里特费尔德的儿子）和比利时设计师托克设计的椅子，这些当然都是 20 世纪 50 年代的物品。而来自品牌写意空间的沙发在房间里波希米亚风的装饰中就如同消失了一样没有存在感。

BAMBOO & CONCRETE

竹材和混凝土

Pied-à-terre

临时居所

MASTERS OF PHOTOGRAPHY
FOOD + DESIGN
FONDATION VINCENT VAN GOGH ARLES
VAN GOGH LIVE! INAUGURATION

这间工作室也有一种生动强烈的外观。伊姆斯躺椅上方挂着一幅凡尔纳（Verne）的画。餐桌是彼得自己设计的，餐桌周围摆放着 1958 年诺曼 · 彻纳（Norman Cherner）设计的原版彻纳椅。餐桌旁挂着一副加布里埃尔 · 罗卡（Gabriel Roca）的画。而奥萨瓦尔多 · 博萨尼设计的沙发上方，挂着一幅威廉 · 詹姆斯 · 默瑞（James William Murray）的艺术作品。地毯是比利时设计师卡琳娜 · 博西（Carine Boxy）的设计作品。

由于室内建筑师彼得 · 伊文斯（Peter Ivens）的项目让他经常在比利时、荷兰、卢森堡等国之间来回穿梭，于是他决定暂时在比利时中部定居。他买下了这间位于一栋普通公寓楼顶层的公寓，并赋予了这个房子一种非常独特且个性化的外观。这间公寓不仅功能实用，结构紧凑，还拥有古铜色的温暖灵魂。设计师彼得 · 伊文斯喜欢简单、素净的设计方案，但是在这个项目中，他选择了定制方案，并且选用了一些男性化的材质，比如，混凝土、钢铁和竹木。厨房中所有的门和柜子，甚至床都是由再生竹木板做成的。这种木板不仅坚固耐用，还拥有美丽的色彩和结构。普通的钢材框架的门、小而不失精致的门把手，无一不体现了简洁性。无须多言，这些通往夹层的钢材楼梯也是按尺寸定制的。窗帘是用旧的军用帐篷做的。这套粗糙而不失精美的陶瓷餐具，也是特别为这间公寓定制的。河沙覆盖的粗糙墙面，增强了这个空间的男性气息。彼得用一个简短的、大家能够理解的词来描述他的风格：“干爽”。不过，尽管风格干爽，但是这间公寓仍然给人很强的亲密感。你只需要来看看这个黑色的淋浴间，四处铺满了防水石膏和巴洛克复古风大理石。

PARIS
NEW YORK
JUST COOK IT

这个钢材楼梯也是彼得自己设计的，他喜欢把钢材和竹子结合在一起。所有的墙壁都涂上了灰泥，并且用微纹理绘画处理地面。这套陶瓷餐具也是彼得特别为这间公寓设计的。

22 02
MASTERS OF PHOTOGRAPHY

临时居所应该是紧凑而实用的，这间公寓的卧室通过滑轨推拉竹门完美地彼此连接。空间中的大部分灯饰来自意大利顶级灯具品牌 Viabizzuno。淋浴间里近乎全黑的防水石膏墙面与美丽的黑色大理石完美结合在一起。

THE LOFT

跃层公寓

Perspectives

透视感

由于室内没有直射光照，来自 Æ 工作室的室内建筑师通过使用大量木材和软石灰最大程度地优化自然光、调整平面布局，赋予了室内环境一种温暖感。烹饪区和用餐区合并到了一起。餐桌和餐椅都是埃贡·艾尔曼（Egon Eiermann）设计的，吊顶是卡罗·纳森（Carlo Nason）的作品，花瓶是葡萄牙艺术家贝拉·席尔瓦（Bela Silva）的设计作品。

并不是所有的老旧工厂都便于居住，因为它们的朝向大部分都朝北。北面来的光线一般都很稳定且持续时间长，这样的光线对于工作来说很理想，但不太合适日常居住。在这一章节中，我们看到的是一个曾经的雨伞工厂，空间里充满了来自北方的光线。不过，幸好有来自 Æ 工作室的年轻室内建筑师埃伦·范·莱尔（Ellen van Laer）和阿诺·布罗埃克文（Arno Broeckhoven），他们采取了一些改造方法，让这里也拥有了温暖的光线。业主托斯卡·德斯里（Tosca Deslee）向我们保证："这间公寓给我一种温暖的感觉。"托斯卡·德斯里为在法国、比利时和荷兰一家印度纺织厂经营代理公司。建筑师们把衣帽间和盥洗室设置在房间最暗的一角，把客厅放在最前面有几扇大窗户的地方，改变了室内布局。他们打通了室内的墙面，创造出开阔的视野和极具透视感的景观，这样能让光线渗透进室内所有地方。所有的墙壁都涂上了柔软的石灰漆，提供了温暖的视觉效果。而高处的阳光能够透过屋顶进入室内。整个三层结构里几乎没有一扇房门，这样可以使整个室内环境更加动感和轻巧。请留意地面的处理方式，比如，卧室的特色是铺满了人字拼地板。客厅的混凝土楼梯有着雕塑般的纤细感。这座楼梯看起来就好像一直在那，虽然事实并非如此。和设计师一样，托斯卡希望保留这座建筑原本的工业风特征，她成功了。

客厅的这座混凝土楼梯看起来像一座雕塑。客厅最显著的特征就是其开放性。我们能看到皮埃尔·让纳雷（Pierre Jeanneret）设计的昌迪加尔椅和来自品牌 Flexform 的沙发，以及用时代性织物设计的软垫装饰。地板上铺设的是一条古董摩洛哥柏柏尔地毯。

屋子里的窗户增强了来自室外的非直射光线，创造出了令人激动的室内景观。大多数灯饰和支架来自巴黎的跳蚤市场。屋顶正下方就是一个集休息和工作功能于一体的区域。这张来自 20 世纪 50 年代的工作桌是由著名的比利时设计师朱尔斯 · 瓦布斯设计的。而由埃贡 · 艾尔曼设计的椅子挨着桌子，画面右边的木凳子是皮埃尔 · 查波（Pierre Chapo）的作品。

VERANNEMAN

PORCELAIN WHITE

瓷白色

Architecture & Ceramics

建筑与陶瓷

业主兼建筑师彼得 · 波维恩和索菲 · 沃特尔在他们建于 19 世纪的住宅旁边，建造了一个不对称的客厅。索菲也是一个活跃的陶艺家，这栋房子里几乎所有的碗、托盘、瓷砖和吊灯都是她制作的。这些椅子 [阿恩 · 雅各布森（Arne Jacobsen）和里昂 · 斯泰宁等人的作品] 都来自古董商德里 · 范兰斯科特的收藏。三角形的边桌是由朱利兰 · 帕恩斯（Juliaan Lampens）设计的，墙上的艺术品是乔 · 范 · 里杰克海姆（Jo van Rijckeghem）的作品。

一进入这栋房子，你会立刻被有着高层高和斜面屋顶的客厅带到花园区，花园提供了一种强有力的动感。建筑师彼得 · 波维恩（Peter Bovijn）和索菲 · 沃特尔（Sophie Watelle）和孩子们一起住在这栋房子中，他们利用这个巨大的空间扩展了他们的家。这个空间聚集了大量的光线，从而提供了令人愉悦的氛围。这些垂直的墙面嵌板让屋子更具能量。这些不对称的线条一直延伸到房子的后部，这对夫妇的建筑工作室和索菲的陶瓷工坊就在那。从厨房的黑色瓷砖，到桌子上的碗和托盘，再到桌子上挂着的小吊灯，这栋房子里的很多东西都是索菲自己做的。彼得和索菲非常喜欢手工材料和乡村风装饰，你能从粉刷过的花园墙面上看出这一点。当然，他们也非常热爱古董设计。这种热爱在他们从古董商德里 · 范兰斯科特（Dries Vanlandschoote）的收藏品里挑来的椅子和物品中得到了充分体现。现代化的翼楼和这座建造于 19 世纪 60 年代的老房子之间的对比，赋予了这栋房子更多的特色。

THE STAIRCASE

楼梯

L' Atelier

工坊

想象一下，一条繁华、色彩缤纷、坐落着各种小商店和酒吧的商业街，与你在里约热内卢可以看到的那些商业街一样。不一样的是，你身处于布鲁塞尔城市中心的一个时髦街区。接下来，推开那扇处在两家店铺之间满是涂鸦的窄门，你会进入一个小小的室内天井，天井里有另一扇门，通往曾经的工作车间。这里曾经是一个皮革厂，30 年前，艺术家哈维尔 · 费尔南德斯将其作为他的织造工作室。业主奥利维尔 · 德 · 梅耶说："当年哈维尔 · 费尔南德斯（Javier Fernandez）会在顶楼编织地毯，然后把它们从天井扔下去。"奥利维尔是安特卫普著名建筑师保罗 · 德 · 梅耶（Olivier De Meyer）的孙子。在他开始致力于改造这座房子之前，他完全没有察觉到他有建筑设计方面的天分。当他想在繁华街区寻找一个安静的居所时，他发现了这个结构紧凑的小工坊，并且把这座三层楼房变成了一个住宅塔楼。他用回收的木材制作了所有橱柜，这个钢架楼梯看起来像是麦卡诺玩具模型，屋中的这些窗户也是他自己修补好的。其中一些古董设计品是他祖父的。就这样，奥利维尔使用最少的资源，并充分发挥他的聪明才智、心灵手巧和细致耐心，创建了一个美好的家。客厅有着开放式用餐区和厨房。一楼和二楼都有工作区域和床。当然，这里还有更多的光线，还有一个小小的露台。当你想在外面休息的时候，你可以去那。这栋房子可以给那些喜欢紧凑生活空间的人一个灵感来源。

这栋住宅楼在各个房屋之间蜿蜒向上，充满了别具一格的惊喜。这栋房子的业主兼建造者奥利维尔·德·梅耶自己设计并且建造了这里的每一样东西，包括这个麦卡诺模型般的楼梯。这座楼梯把钢铁和废木料结合在一起，可以说是一种对野蛮主义的致敬。屋中的玻璃内窗让大量的光线穿透了进来。

TRAINING CLUB!
TRANSFORM
Rooftops
5,3
834

THE SHELTER

避难所

Upstairs & Downstairs

楼上和楼下

建筑师瑟伊斯·普林森（Thijs Prinsen）说："要多聊并专心四处看看：这就是设计的全部"。瑟伊斯·普林森和同事巴特·朗斯（Bart Lens）一起经营着引领潮流趋势的比利时 Lens° Ass 建筑事务所，这是比荷卢地区最具创造性的工作室之一。他们建造了无数房屋，所有这些房屋都彼此不尽相同，并且从来没有一个轮廓非常分明的建筑平面图。他们的秘诀就是，倾听客户的想法，并且仔细研究建筑的地理位置和房屋朝向。他们的设计和施工过程通常从在现场绘制的第一张草图开始。这座不同寻常的建筑也是通过一样的流程修建的。比如，这个客户想要一个凉爽的睡眠区域，并且想要保留一个完整的楼下区域——一个在夏天很适合居住的地下生活区。楼上，他们用弧形的墙面创造出了一个开放的空间，感觉像是你正在走过一个巨大的雕塑。圆形的壁炉看起来像是刚从皮尔·卡丹（Pierre Cardin）的家里搬来的。浴室也以有机风格为主。在一层，你会生活在一个被自然风光围绕的环境中。这家建筑公司认为装修过程非常重要，因此，在挑选建筑材料时非常谨慎。比如，混凝土中注入了温暖的砂岩光泽，会让建筑散发出地中海的气息。屋顶上有一个巨大的混凝土排水沟，大雨过后会形成美丽的瀑布，这让室内装饰看起来很不同寻常。

毫无疑问，这是整本书中最具雕塑感的项目，建筑的设计灵感来源于巴西的野兽主义。这也是一个功能性很强的项目：这是一个“双重住宅”，因为在炎热的夏天，业主可以搬到楼下凉爽的地下室生活。房屋前面的斜窗可以让阳光照射到地下室。

室内的一切结构都是用清水混凝土做的，展现出了一种奇妙的石头结构。从厨房的墙壁到休息区、有机壁炉，圆弧形的构造占据了整个室内空间。

和这座房子其他部分一样，这个地下居住空间被认为是一种表达方式。你会在这座房子里欣赏到很多混凝土制成的物品，比如，这个凹入地面的下沉式浴池，为了看起来更有地中海的感觉，浴池的混凝土是经过轻微调色的，而洗脸池是用合成石定制的。

MORESQUE

摩尔式建筑

Seaside

海边

有些小细节，比如，圆形的门，会让人想起这座建筑的摩尔式沿海风格。紧挨着门的坚固座椅，是一个来自不知姓名设计者的热带设计作品。座椅上方悬挂的是一副杰里·卡米塔基（Jerry Kamitaki）的作品。用餐区摆放了一把来自丹麦品牌 Rainer Daumiller 的椅子，餐桌上方悬挂的是来自丹麦品牌 Fog & Morup 的原版巫师帽灯。

当你从这间顶层公寓看向大海的时候，这些圆形的窗户看起来更加显眼。而且，你的确可以感受到这座 20 世纪 50 年代建筑散发出的摩尔式的优雅气息。这里是北海沿岸最优雅的海滨小镇诺克，这里的人们对古董物品和当代艺术有着浓厚的兴趣。你会在这里发现很多不同寻常和打破常规的室内装饰，比如，这个由比利时室内装饰和设计专家费兰克·帕伊（Frank Pay）创立的艺术场所。这里过去是一个乏味、普通的公寓，现在变成了一个奇特的临时住所。在这个项目中，费兰克与来自 PJ Mares 设计工作室的设计师二人组——汤姆·马雷斯（Tom Mares）和彼得 - 扬·舍佩雷尔（Peter-Jan Scherpereel）携手合作。他们拆除了一些内墙，创造出了一个壁炉处于正中间的巨大的生活空间。粉刷过的墙面给人一种伊比沙岛的感觉。这些拱门让人联想到这座建筑的摩尔式和远洋邮轮风格。壁炉的前方，一张宏伟的沙发（来自品牌 De Sede）与坚固的木制家具完美地融合在一起。这个面积紧凑的小厨房看起来像个酒吧。不规则角砾岩大理岩和混凝土后墙之间的对比，确实产生了一种令人耳目一新的效果。费兰克还在室内加入了一些工业风的凳子。窗帘是他和 HoHM 设计工作室的合作成果。费兰克四处寻找不同寻常的古董物品和超越中产阶级思维的当代艺术创造。

Erwin Olaf
RONCHAMP

房间的吊顶都被拆除了，直接暴露出混凝土结构。厨房里纹理丰富的大理石与粗糙的墙面很好地结合在一起。你可以在休息区欣赏美丽的沙发，一个巨大的 20 世纪 50 年代的无名花瓶、壁炉旁的埃里克 · 海默斯（Erik Haemers）作品及右后方的艺术家德 · 凯泽尔（De Keijzer）的画。

A SUMMER HOUSE

夏日别墅

On The Waterfront

在海边

这栋房子坐落在德国肯彭树林的湖边，远离城市的忙碌与喧嚣。这座房子的住户喜欢水上运动，并且要求室内建筑师彼得 · 伊文斯将这座 20 世纪 60 年代的旧度假屋改造成现代的避暑别墅。彼得 · 伊文斯和室内设计师比娅 · 蒙贝尔斯一起经营着一家在低地国家业内处于领先地位的设计事务所。他们联合了彼此的创造力，进行了无数次精彩绝伦的翻新改造。在这个项目中，他们拆除了所有的假天花板、石膏板、内墙和门，让混凝土结构暴露在外，并用它来创造出一种阁楼式住宅。一些混凝土扩建部分，比如，厨房是在现场浇筑的。结果，他们创造出了一个能够看到水面的巨大生活空间。另一个非常吸引眼球的地方是厨房里的圆形吧台式结构，这是比娅的创意。正是因为它的粗糙和自然，才超越了资产阶级内部风格，这种野兽派建筑正是比娅和彼得喜欢的。因此，他们喜欢运用一些材质单纯的材料，比如，混凝土、实木、天然石材和钢铁。居住空间的中央伫立着一根沉重的钢柱，它支撑着整栋房子。设计师围绕着柱子建造了一个吧台。拆除了建筑外部所有的装饰后，一座具有现代气息、功能强大的建筑物出现在人们眼前。

这座20世纪60年代的砖砌建筑被拆除到只剩基本结构，给了室内设计师搭档比娅·蒙贝尔斯和彼得·伊文斯想出绝妙的解决方案的机会，比如，厨房里的这个圆形岛台、混凝土楼梯、多层隔板，以及围绕着沉重金属支撑梁上的餐厅吧台。这些增强了这座建筑的功能性，同时也增加了它的开放性。

休息区放着一张马里奥 · 马伦科（Mario Marenco）1970 年为意大利家具品牌 Arflex 设计的宽敞沙发。这个房子拥有不同的氛围。休息区极具北海的地域风格，而露台区则会让人感觉置身于斯堪的纳维亚。

华丽壮观的浴室与手工绘制的异国瓷砖，烘托出一种巴西的气氛。浴缸是特别定制的。卧室里，一张来自非洲的传统凳子就立在古董科伦坡落地灯旁边。

NEW BRICK HOUSE

新式砖石建筑

India & Morocco

印度和摩洛哥

当这座房屋的建造者巴特 · 朗斯和瑟伊斯 · 普林森旅行穿过印度时，他们的客户亚历克斯 · 加布里埃尔（Alex Gabriels ）和菲利普 · 德 · 塞斯特（Philippe De Ceuster）也正在摩洛哥旅行。菲利普和他的太太亚历克斯都从事宣传工作，亚历克斯同时也在从事陶艺家的工作。他们在旅行过程中拍摄了很多建筑作品，当把这些作品放在一起时，他们脑中浮现了建造一个这种特殊的住宅的想法。他们从一开始就知道他们会用到墙砖，砖石风格会完全让人想起这两种文化的乡土建筑。朗斯和普林森并不是那种普普通通的建筑师。他们不仅对不同寻常的建筑物有天分，并且还在开发有他们自己风格的砖石建筑。在这个项目中，他们又向前迈进了一步。建筑的外立面令人印象深刻，看起来就像是悬挂在建筑物前的东方帷幕。结合这座建筑周围的自然环境，营造出一种身处印度或摩洛哥的感觉。天气晴好的日子里，外立面的图案会投射出可爱的阴影，丰富了室内环境。这是那种你需要赤足行走的房子，因为这样你才能感受到地面的粗糙感。这与亚历克斯对粗糙工艺陶瓷的迷恋完美结合在一起。她那些美丽的盘子和碗遍布整个房子，尤其是在烹饪和用餐区附近。餐桌对面朝向休息区的景色非常壮观。在那里，你仿佛可以走出去，走进绿树丛中。

当代西方建筑充满了来自欧洲以外的影响。印度和摩洛哥就像是砖石建筑的宝库，这或许可以解释这座建筑帷幕一般的砖石外立面。这是一种不符合常规的结构，充满了细小的裂缝、粗糙的材料和令人惊讶的细节。

有那么一刻，我们的注意力几乎无法放在家具或设计上，即使它们是被选来与这座建筑相匹配的。低矮的柜子增加了室内的景致。这些落地窗把周围环绕的森林分割成了碎片。房子中间有一条缝，让光线可以透进来，刚好把房子整齐地切成两半。外立面投射出的光影，给这座建筑增添了一种热带的风情。

huizen

透明的室内环境并不妨碍创造私密感。卧室像是一个黑色的木箱，可以用滑轨推拉门封闭起来。走廊像修道院建筑一样，散发着安宁平静的气息，让我们想起多姆 · 汉斯 · 范 · 德 · 兰（Dom Hans van der Laan）的作品。他的作品经常会从比例、粗糙的材料、光滑的线条和微妙精致的光影中汲取力量。